BEI GRIN MACHT SICH IHR WISSEN BEZAHLT

- Wir veröffentlichen Ihre Hausarbeit, Bachelor- und Masterarbeit

- Ihr eigenes eBook und Buch - weltweit in allen wichtigen Shops

- Verdienen Sie an jedem Verkauf

Jetzt bei www.GRIN.com hochladen und kostenlos publizieren

Bibliografische Information der Deutschen Nationalbibliothek:

Die Deutsche Bibliothek verzeichnet diese Publikation in der Deutschen Nationalbibliografie; detaillierte bibliografische Daten sind im Internet über http://dnb.d-nb.de/ abrufbar.

Dieses Werk sowie alle darin enthaltenen einzelnen Beiträge und Abbildungen sind urheberrechtlich geschützt. Jede Verwertung, die nicht ausdrücklich vom Urheberrechtsschutz zugelassen ist, bedarf der vorherigen Zustimmung des Verlages. Das gilt insbesondere für Vervielfältigungen, Bearbeitungen, Übersetzungen, Mikroverfilmungen, Auswertungen durch Datenbanken und für die Einspeicherung und Verarbeitung in elektronische Systeme. Alle Rechte, auch die des auszugsweisen Nachdrucks, der fotomechanischen Wiedergabe (einschließlich Mikrokopie) sowie der Auswertung durch Datenbanken oder ähnliche Einrichtungen, vorbehalten.

Impressum:

Copyright © 2014 GRIN Verlag, Open Publishing GmbH
Druck und Bindung: Books on Demand GmbH, Norderstedt Germany
ISBN: 978-3-668-17643-0

Dieses Buch bei GRIN:

http://www.grin.com/de/e-book/318060/zufall-und-wahrscheinlichkeit-wuerfeln-mit-zwei-wuerfeln-mathematik

Christa Lenz

Zufall und Wahrscheinlichkeit. Würfeln mit zwei Würfeln (Mathematik, 3. Klasse)

GRIN Verlag

GRIN - Your knowledge has value

Der GRIN Verlag publiziert seit 1998 wissenschaftliche Arbeiten von Studenten, Hochschullehrern und anderen Akademikern als eBook und gedrucktes Buch. Die Verlagswebsite www.grin.com ist die ideale Plattform zur Veröffentlichung von Hausarbeiten, Abschlussarbeiten, wissenschaftlichen Aufsätzen, Dissertationen und Fachbüchern.

Besuchen Sie uns im Internet:

http://www.grin.com/

http://www.facebook.com/grincom

http://www.twitter.com/grin_com

Zentrum für schulpraktische Lehrerausbildung Kleve

Seminar Grundschule

Schriftliche Unterrichtsplanung zum 2. Unterrichtsbesuch

im Fach Mathematik

Thema der Unterrichtsreihe
„Zufall und Wahrscheinlichkeit"
Die SuS[1] erleben aktiv-entdeckend Zufallsexperimente und untersuchen diese hinsichtlich des Eintritts von Aussagen und Vermutungen vor dem Hintergrund der Wahrscheinlichkeit.

Thema der Unterrichtsstunde
„Würfeln mit zwei Würfeln"
Die SuS sollen systematisch alle Möglichkeiten für die Summe zweier Würfelzahlen herauszufinden und daraus entnehmen, welche Augensumme beim Würfeln mit zwei Würfeln am wahrscheinlichsten ist.

Klasse: 3

---

[1] SuS= Schülerinnen und Schüler, diese Abkürzung soll im Folgenden vorgenommen werden

❖ Einbettung der Stunde in die Unterrichtsreihe

Zentrale Absichten der Unterrichtsreihe
- Grundbegriffe zu kennen (z.B. sicher, unmöglich, möglich, wahrscheinlich, gleich wahrscheinlich, unwahrscheinlich)
- Gewinnchancen bei einfachen Zufallsexperimenten (z.b. bei Würfelspielen) einschätzen und vergleichen
- reflektierten Umgang mit Häufigkeiten und Wahrscheinlichkeiten in Schule und Alltag zu erlangen

Stunde	Thema	Zentrale Absicht
1.	Zufall oder nicht? - Die SuS werden mit den Begriffen *(z.B. sicher, unmöglich, möglich, wahrscheinlich, gleich wahrscheinlich, unwahrscheinlich)* konfrontiert, bringen ihre Vorerfahrungen dazu ein und beziehen diese Begriffe reflektierend auf Alltagssituationen. 18.11.2014	Die SuS bauen ein Grundverständnis für das Phänomen „Zufall" auf und sollen zufällige Ereignisse als solche erkennen.
2.	Gibt es eine Glückszahl? Würfeln mit einem Würfel - Die SuS untersuchen spielerisch die Wahrscheinlichkeiten der Augenzahlen beim einmaligen Würfelwurf. Sie untersuchen verschiedene Gewinnregeln. 19.11.2014	Die SuS machen erste Erfahrungen mit Wahrscheinlichkeiten beim Würfeln und sollen Gewinnchancen bei einfachen Zufallsexperimenten einschätzen.
3.	Würfeln mit zwei Würfeln - Die SuS führen ein Zufallsexperiment mit zwei Würfeln durch und notieren ihre Beobachtungen. Anschließend sollen die SuS ihre Beobachtung begründen, indem sie alle Kombinationsmöglichkeiten durch Probieren und systematische Vorgehen herausfinden. 20.11.2014	Ich gebe den SuS die Chance, systematisch alle Möglichkeiten für die Summe zweier Würfelzahlen herauszufinden und zu erkennen, welche Augensumme beim Würfeln mit zwei Würfeln am wahrscheinlichsten ist.
4.	Würfelspiel selbst gestalten - Die SuS gestalten ihr eigenes Würfelspiel und finden heraus welches Ereignis am wahrscheinlichsten ist.	Die SuS sollen die Ergebnisse der vorangegangenen Stunde vertiefen und umsetzen, indem sie ihr eigenes Würfelspiel gestalten und durch richtige Einschätzen der Wahrscheinlichkeiten das Spiel gewinnen können.
5.	Spiel zum Glücksrad - Im handelnden Umgang mit dem Glücksrad bestimmen die SuS die jeweiligen Wahrscheinlichkeiten der einzelnen Gewinnregeln.	Die SuS erweitern ihre Fähigkeiten im Einschätzen von Wahrscheinlichkeiten durch den direkten Vergleich einfacher Wahrscheinlichkeiten beim Würfel und Glücksrad.

❖ Zentrale Absicht der Stunde und Lernchancen

Meine Absicht:

Ich gebe den SuS die Chance, systematisch alle Möglichkeiten für die Summe zweier Würfelzahlen herauszufinden und zu erkennen, welche Augensumme beim Würfeln mit zwei Würfeln am wahrscheinlichsten ist.

Im Sinne meiner formulierten Absicht eröffne ich folgende Lernchancen:

Auf der Ebene der Sacherfahrungen
Die SuS haben die Chance,

- zu erkennen, dass beim Würfeln mit zwei Würfeln die verschiedenen Augensummen unterschiedlich wahrscheinlich sind.
- alle Möglichkeiten für die Summe zweier Würfelzahlen herauszufinden.
- mit verschiedenen Zerlegungsmöglichkeiten der Augensummen zu argumentieren, welches Wurfereignis am wahrscheinlichten ist.
- Lösungsstrategien zu entwickeln und zu nutzen (z.b. heuristische Strategien: freies Probieren, kombinatorisches Durchforsten aller Möglichkeiten, Zerlegen von Teilproblemen).
- Vermutungen über Eintrittswahrscheinlichkeiten zu äußern und zu hinterfragen.

Auf der Ebene der Individualerfahrungen
Jede/r SchülerIn hat die Chance,

- einen reflektierten Umgang mit Häufigkeiten und Wahrscheinlichkeiten in Schule und Alltag zu erlangen.
- nach seinem/ ihrem individuellem Lernniveau zu arbeiten und zu entdecken.
- sich mit Hilfe des „Wortspeichers" in mathematischer Fachsprache auszudrücken.

Auf der Ebene der Sozialerfahrungen
Die SuS haben die Chance,

- aus Ideen und Erfahrungen anderer Kinder zu lernen.
- eigene Erfahrungen und Ideen in der Klassengemeinschaft zu kommunizieren.
- in der Partnerarbeit ihre Kooperations- und Kommunikationsfähigkeiten zu schulen.

❖ Sachinformationen zur Stunde

Bei einem Zufallsversuch ist der Ausgang nicht vorhersehbar. Wiederholende *Zufallsversuche* unter gleichen Bedingungen werden als *Zufallsexperimente* bezeichnet. Die Möglichkeiten, die es für einen Versuchsausgang gibt, werden *Zufallsergebnisse* genannt (vgl. Kaufmann 2010, S. 6). Die SuS haben in den vorangegangen Stunden gelernt, dass das Werfen eines Würfels ein Zufallsexperiment ist. Die Zufallsergebnisse beim Würfeln mit zwei Würfeln sind die Zahlen 2 bis 12 und können jeweils durch unterschiedliche Zufallsergebnisse zustande kommen. In der folgenden Tabelle sind die Kombinationsmöglichkeiten, um die einzelnen Augensummen zu erzielen, abgebildet:

Der Tabelle lässt sich entnehmen, dass es 36 Felder und somit auch 36 mögliche Ergebnisse gibt. Um die Augensummen 2 und 12 zu erreichen, gibt es jeweils nur einen günstigen Fall (1+1 / 6+6). Bei den Summen 3 und 11 sind es jeweils zwei günstige Fälle (1+2 und 2+1 / 5+6 und 6+5). So entstehen drei günstige Fälle bei 4 und 10, vier günstige Fälle bei 5 und 9, fünf günstige Fälle bei 6 und 8 sowie sechs günstige Fälle bei der Augensumme 7.

	1	2	3	4	5	6
1	2	3	4	5	6	7
2	3	4	5	6	7	8
3	4	5	6	7	8	9
4	5	6	7	8	9	10
5	6	7	8	9	10	11
6	7	8	9	10	11	12

Tabelle 1: Würfeln mit zwei Würfeln[2]

Die Wahrscheinlichkeit wird berechnet mit dem Quotient aus der Anzahl der günstigen und der Anzahl der möglichen Versuchsausgänge. Die Wahrscheinlichkeit liegt immer zwischen 0 und 1. Ein unmögliches Ereignis hat die Wahrscheinlichkeit 0 und ein sicheres Ereignis hat die Wahrscheinlichkeit 1 (vgl. ebd.).

So ergeben sich die Wahrscheinlichkeiten 1/36 (bei Augensumme 2 und 12), 2/36 (bei 3 und 11), 3/36 (bei 4 und 10), 4/36 (bei 5 und 9), 5/36 (bei 6 und 8) und 6/36 (bei Augensumme 7). Die Augensumme 7 ist somit am wahrscheinlichten zu würfeln.

Da die Augensumme 1 beim Würfeln mit zwei Würfeln nicht erreicht werden kann, ist deren Wahrscheinlichkeit 0/36, also ein unmögliches Ereignis (vgl. ebd.).

❖ Fachdidaktische Analyse

Die SuS werden in ihrem alltäglichen Leben bereits mit stochastischen Erscheinungen (statistische Daten, Wahrscheinlichkeitsaussagen, Spiele mit Zufallsgeneratoren u.a.) konfrontiert. Daher ist es Aufgabe der Schule an diese Erfahrungen oder auch Fehlvorstellungen der Kinder anzuknüpfen und ein Grundverständnis für das Phänomen „Zufall" aufzubauen (vgl. Eichler 2010, S. 9). Kinder sind intrinsisch motiviert sich spielerisch mit dem Sachverhalt auseinanderzusetzen (vgl. ebd., S. 8). Da die Entwicklung des Wahrscheinlichkeitsbegriffs Zeit benötigt sollten die SuS bereits in der Grundschule die Möglichkeit bekommen, „Kenntnisse über den Zufall zu erwerben und damit langfristig zu der Überzeugung zu kommen, dass der Zufall kalkulierbar ist und dass zufällige Ereignisse mit mathematischen Mitteln modelliert werden können" (Walther u.a. 2008, S. 141).

In der vorliegenden Stunde sollen die SuS, durch die Ergebnisse eines Würfelspiels, auf empirisch-statistischem Wege erfahren, dass die Wahrscheinlichkeit der Ereignisse beim Würfeln mit zwei Würfeln und der entsprechenden Summenbildung unterschiedlich ist. Das Würfelspiel als

---
[2] s. online im Internet: http://images.onlinemathe.de (15.11.2014)

Zufallsexperiment bietet sich zum Einsatz in der Unterrichtsstunde an, da Würfelspiele Teil der kindlichen Umwelt sind, durch handlungsorientierten Umgang stochastische Erfahrungen gesammelt und geordnet werden können (vgl. Berlinger 2011, S. 32).

In der Stunde sollen folgende prozessbezogene Kompetenzen vertieft und weiterentwickelt werden.

Problemlösen: Um die Entdeckung des Zufallsexperiments zu begründen, sollen nun alle Kombinationsmöglichkeiten für die Summe zweier Würfelzahlen herausgefunden werden. Hier sollen die SuS unterschiedliche Lösungsstrategien entwickeln und nutzen (z.b. heuristische Strategien: freies Probieren, kombinatorisches Durchforsten aller Möglichkeiten, Zerlegen von Teilproblemen).

Argumentieren: Um anschließend die gefundenen Ergebnisse auf die Ausgangssituation zu übertragen, wird geklärt welche Augensummen nun am wahrscheinlichsten sind. Gerade in der Begründung können dann Begriffe wie „sicher" oder „unmöglich" (Wortspeicher) benutzt werden, um die Wahrscheinlichkeiten zu beschreiben.

Darstellen/ Kommunizieren: In der Erarbeitungsphase sollen die SuS ihre Ergebnisse in Form einer Tabelle darstellen. In der Reflexionsphase sind die SuS gefordert ihre Vorgehensweisen zu beschreiben, andere zu verstehen und gemeinsam darüber zu reflektieren

Auch in den Bildungsstandarts werden inhaltsbezogene mathematische Kompetenzen in dem Bereich „Daten, Häufigkeiten und Wahrscheinlichkeiten" aufgeführt. Es geht um das Erfassen und Beschreiben von Daten und das Vergleichen von Wahrscheinlichkeiten von Ereignissen in Zufallsexperimenten (vgl. Kultusministerkonferenz 2004). Der Umgang mit Daten, Häufigkeiten und Wahrscheinlichkeiten als eine der vier inhaltsbezogenen Kompetenzen ist somit auch fester Bestandteil des Lehrplans. Es soll sichergestellt werden, dass die Kinder Daten „in Bezug auf konkrete Fragestellungen [auswerten, sowie] die Wahrscheinlichkeiten einfacher Ereignisse" (MSW 2008, S. 18) einschätzen lernen. Die SuS sollen „die Wahrscheinlichkeit von einfachen Ereignissen" (ebd.) beschreiben können und Grundbegriffe wie „sicher, wahrscheinlich, unmöglich, immer, häufig, selten, nie" (ebd.) verwenden. Zudem geben die Kompetenzerwartungen die Anzahlbestimmung einfacher kombinatorischer Fragestellungen an und die Beschreibung von Wahrscheinlichkeiten hinsichtlich des Eintritts eines Ereignisses (vgl. ebd.).

Die SuS können die bislang vorgestellten Aufgaben nach dem EIS-Prinzip nach Bruner[3] auf allen drei Niveaus erschließen. In der Stunde führen die Kinder zunächst ein Würfelspiel durch (**enaktiv**), zeichnen gefundene Kombinationsmöglichkeiten auf (**ikonisch** – z.B. durch Würfelbilder) und in der Reflexion werden die Ergebnisse dann auf **symbolischer** Ebene dargestellt (z.B. durch Plus-Aufgaben).

Das fachdidaktische Prinzip des **aktiv-entdeckenden Lernens** wird ermöglicht durch eine herausfordernde Aufgabenstellung, die durch Probieren oder systematisches Vorgehen, eine eigenaktive Auseinandersetzung mit dem Problem fordert.

---

[3] Bruner, J. & Oliver, R. & Marks Greenfield, P.:Studien zur kognitiven Entwicklung. Stuttgart: Kohlhammer. 1988.

Um eine natürliche **Differenzierung** zu ermöglichen und der Heterogenität in der Klasse gerecht zu werden, ist die Lernaufgabe offen formuliert. So sind unterschiedliche Vorgehensweisen oder die gefundene Anzahl an Lösungen möglich. Das Arbeitsblatt 2 lässt den SuS einen eigenständigen Lösungsweg offen. Die Kinder, die noch Hilfestellungen bei der Lernaufgabe benötigen, können sich selbstständig für eine Tippkarte entscheiden.

Das Prinzip der **Strukturorientierung** unterstreicht, „dass mathematische Aktivität häufig im Finden, Beschreiben und Begründen von Mustern besteht" (MSW 2008, S.18). Dieses Prinzip äußert sich in der Stunde darin, dass die Kinder eine gewisse Anzahl von Würfelkombinationen finden sollen und ihr Vorgehen dabei beschreiben sowie begründen sollen.

❖ Analyse der Lernaufgabe

Zunächst machen die SuS die Entdeckung, dass die Wahrscheinlichkeit der Ereignisse beim Würfeln mit zwei Würfeln und der entsprechenden Summenbildung unterschiedlich ist. Um diese Entdeckung begründen zu können, sollen nun alle Kombinationsmöglichkeiten für die Augensummen gefunden werden.
Im Folgenden soll die Lernaufgabe anhand der Anforderungsbereiche analysiert werden (vgl. Blum 2006).
A1 (Reproduzieren): Den SuS ist das Würfelspiel (mit einem Würfel) als Zufallsexperiment bereits bekannt und sie können die Zufallsergebnisse in Tabellen festhalten und auswerten.
A2 (Zusammenhänge herstellen): Die SuS erkennen, dass es für die häufiger auftretenden Zahlen immer mehrere Wurfmöglichkeiten gibt.
A3 (komplexe Tätigkeiten): Die SuS bekommen die Chance, alle Kombinationsmöglichkeiten herauszufinden und somit die unterschiedlichen Wahrscheinlichkeiten der Augensummen im Würfelspiel zu begründen. Sie tauschen sich über ihre Vorgehensweise aus und erläutern diese. Die Frage nach der wahrscheinlichsten Augensumme, fordert mathematisches Argumentieren und die Überprüfung der eigenen Strategie.
Auf diese Weise werden die SuS an die Erhebung von Daten und die Bestimmung von Eintrittswahrscheinlichkeiten herangeführt. So erfahren sie, dass Glücksspiele nicht nur vom Zufall abhängig, sondern (mathematisch) berechenbar sind.
In der folgenden Unterrichtsstunde sollen die SuS zur Vertiefung ein Würfelspiel eigenständig gestalten und durch das richtige Einschätzen der Wahrscheinlichkeiten das Spiel gewinnen können.

❖ Besondere Informationen zur Lerngruppe

Das Leistungsniveau der 3c ist heterogen.
Drei Kinder mit besonderem Förderbedarf erfahren derzeit Unterstützung von einer Sonderpädagogin, die sie im Fach Mathematik auf ihrem Niveau, durch geeignetes Material entsprechend fördert.
Bei xxx wurde ein Förderbedarf im Bereich Lernen festgestellt. Bei xxx wird Dyskalkulie vermutet und sie arbeiten ebenfalls an differenziertem Anschauungsmaterial im Unterricht mit. Sie arbeiten gerade an der Zahlraumerweiterung bis 100 und verwenden Hilfsmittel zum Rechnen. Es fällt ihnen oftmals leichter in Partnerarbeit mathematische Probleme zu lösen. So kommt ihnen die Lernaufgabe der Unterrichtsstunde entgegen.

Erhebung der Lernvoraussetzungen für die konkrete Stunde

LERNANFORDERUNG	AKTUELLER LERNSTAND	HANDLUNGSKONSEQUENZEN
	in Bezug auf die Sache	
Die SuS sollen alle Möglichkeiten für die Summe zweier Würfelzahlen herausfinden und dabei, wenn möglich, Lösungsstrategien entwickeln und darstellen.	Die Klasse 3c übt sich noch im Umgang mit offen formulierten Aufgabenstellungen. Sie neigen dazu sich oft bei der Lehrkraft rückzuversichern und bringen dadurch Unruhe in die Klasse. Die offene Aufgabenstellung können insbesondere xxx noch überfordern.	Ich habe Tippkarten als mögliche Hilfestellung für die Lernaufgabe bereit gelegt und unterstützte die SuS durch eine zuvor abgestimmte Partnerarbeit. Die Partner setzen sich jeweils aus einem leistungsstärkeren und einem leistungsschwächeren Kind zusammen.
Die SuS sollen mit verschiedenen Zerlegungsmöglichkeiten der Augensummen argumentieren, welches Wurfereignis am wahrscheinlichsten ist.	xxx haben oftmals Schwierigkeiten mathematische Sachverhalte zu modellieren und ihre Lösung zu Begründen oder als Argumentation zu nutzen.	Durch die visualisierte Zusammenstellung der Ergebnisse in der Reflexionsphase an der Tafel, wird in einem übersichtlichen Schaubild die Wahrscheinlichkeit der einzelnen Augensummen deutlich. Zudem wird mit Beispielen aus der Alltagswelt der Kinder das Ergebnis der Stunde vertieft.
Die SuS haben die Möglichkeit an Zusatzaufgaben zu arbeiten.	Insbesondere xxx sind sehr leistungsstark im Fach Mathematik und können schneller mit der Aufgabe fertig werden.	Damit die betroffenen Kinder sich vertiefend mit dem Lerninhalt auseinandersetzen können, erhalten diese ein Zusatzblatt.
	in Bezug auf Methoden und Medien	
Arbeitsmethode(n) des konkreten Lernbereichs: - arbeiten mit Tabellen und Strichlisten	Die SuS haben bereits in den vergangenen Unterrichtsstunden ihre Ergebnisse in Tabellen festgehalten. xxx könnte der Umgang mit Tabellen noch schwer fallen.	Sollten manche SuS es nicht schaffen, ihre Ergebnisse angemessen festzuhalten, gebe ich auf einer Tippkarte eine Tabelle als Orientierungshilfe vor.

		in Bezug auf Basiskompetenzen	
soziale Kompetenz	- Partnerarbeit	Es fällt manchen SuS (**xxx**) noch schwer sich auf die Partnerarbeit einzulassen und die Aufgabe im gemeinsamen Austausch zu bearbeiten.	Feste Partner für die Zeit der Unterrichtsreihe sollen den Kindern Orientierung geben. Die motivierenden Lernaufgaben, welche zum Austausch anregen sollen, können zusätzlich dazu beitragen, die Partnerarbeit zu unterstützen.
	- Kommunikationsfähigkeit in Reflexionsphasen	**xxx** beteiligen sich regelmäßig an Klassengesprächen und tragen diese durch anregende Beiträge. **xxx** beteiligen sich kaum an Unterrichtsgesprächen.	Ich denke, dass die meisten SuS eine angemessene Reflexion nach der Arbeitsphase leisten können. Ich werde sie besonders im Blick haben um wahrzunehmen, ob sie, auch wenn sie sich nicht verbal beteiligen, aktiv mitdenken.
personale Kompetenz	- Arbeits- und Leistungsverhalten	**xxx** hat Probleme, sich auf Lernaufgaben im Allgemeinen einzulassen. Sie neigt dazu bei komplizierten Aufgaben schnell aufzugeben und sich mit etwas anderem zu beschäftigen oder andere Mitschüler abzulenken. **xxx** haben ein sehr langsames Arbeitstempo. **xxx** fallen häufig durch Störungen vor allem im Sitzkreis auf.	Durch den handlungsorientierte Anreiz wird sie motiviert die Lernaufgabe lösen zu wollen. Sollte es dennoch dazu kommen, dass sie sich überfordert fühlt, wird sie durch den Partner unterstützt. Sie müssen bei Einzelarbeit regelmäßig an ihre Lernaufgabe erinnert werden. Im Sitzkreis haben alle Beteiligten die Möglichkeit Augenkontakt zu haben. Somit kann ich schnell reagieren und versuchen die SuS wieder in das Gespräch einzubinden, wenn sie abgelenkt sind.
Sprache und Sprechen	- Wortschatz	Einigen SuS fällt es noch schwer mathematische Sachverhalte angemessen zu schildern.	Ein Wortspeicherplakat wird an die Tafel gehängt und dient als Unterstützung im Umgang mit mathematischen Fachbegriffen zum Thema.

❖ Darstellung des Unterrichtsverlaufes

Methodische Entscheidungen	Begründung
Anknüpfen an die letzte Unterrichtsstunde	Die SuS sollen die Ergebnisse der vorangegangenen Stunde wiederholen, um ihr Vorwissen zu aktivieren. (Entdeckungen beim Würfeln mit einem Würfel)
Vorstellung des Stundenthemas und des Stundenverlaufs	Die SuS haben die Möglichkeit sich der Zielsetzung der Unterrichtsstunde bewusst zu werden.
Vorstellung des Arbeitsauftrags zum AB 1: Würfeln mit zwei Würfeln	Der Arbeitsauftrag wird zusätzlich als Merkhilfe an der Tafel visualisiert.
Zwischenreflexion: Im Kinositz stellen die Kinder ihre Ergebnisse aus dem Spiel vor.	So sollte für alle Kinder deutlich werden, dass Augensummen wie 7, 6 und 8 recht häufig vorkommen, während beispielsweise die Augensummen 2 und 12 eher unwahrscheinlich sind. Auch sollten die Ergebnisse der Kinder genutzt werden, um Vermutungen bzw. Begründungen aufzuzeigen, wie sich diese Auffälligkeiten erklären lassen. So kann an dieser Stelle bereits auf die Bedeutung der Anzahl der Kombinationsmöglichkeiten, die einzelnen Augensummen zu erzielen, eingegangen werden.
Vorstellung des Arbeitsauftrages zum AB 2: Summe an Würfelzahlen finden Tippkarten zum AB 2	Die SuS sollen alle Kombinationsmöglichkeiten für die Summe zweier Würfelzahlen herausfinden und dabei versuchen zu begründen, warum sie alle Möglichkeiten gefunden haben. Die Tippkarten schlagen eine Strukturierung vor, die die Kinder nutzen können, um alle Möglichkeiten zu finden und richtet, durch die Hilfestellung in einem Beispiel die Augensumme 4 zu zerlegen, den Fokus auf die Kombinationsmöglichkeiten. Somit bekommen SuS, die beim Lösen der Lernaufgabe Schwierigkeiten haben, Hinweise, die sie nutzen und erproben können.
Arbeitsphase in Partnerarbeit Zusatzaufgabe	Bei einer Bearbeitung in Partnerarbeit kann ein Lernen voneinander stattfinden und sich ein Austausch oder eine Diskussion über die Lernaufgabe ergeben. Schnelle SuS bekommen die Chance durch eine Zusatzaufgabe zum Weiterdenken angeregt zu werden.
Reflexion im Kinositz Ergebnissammlung mit Würfelkarten	Kinder werden nicht mehr durch die Arbeitsmaterialien auf dem Tisch abgelenkt und können sich bewusst auf die Reflexion konzentrieren. Die SuS erhalten so die Gelegenheit ihre Kombinationsmöglichkeiten übersichtlich darzustellen.

Ausblick auf die nächste Unterrichtsstunde: Würfelspiel selbst gestalten	Den SuS soll eine Verlaufstransparenz deutlich werden, um in der nächsten Unterrichtsstunde an dieser anknüpfen zu können.

❖ Lernkomponenten

Initiation	Orientierung

• AB 1: Würfeln mit zwei Würfeln
    ○ Die SuS würfeln 30 mal mit zwei Würfeln und halten die Augensumme jeweils in einer Tabelle fest
    ○ „Was fällt dir auf? welche Zahl kommt häufiger vor? Warum ist das so?"
	• Zieltransparenz (Themenleine)
	• Verlaufstransparenz (Stundenverlauf an der Tafel)
	• Wortspeicherplakat
	• klare Arbeitsanweisungen
	• Probehandlung
	• Arbeitsblatt
	• vorgegebene Partnerarbeit an der Tafel
	• akustisches Signal zum Phasenwechsel

Integration
Die SuS knüpfen an ihr Vorwissen sowie ihr erworbenes Wissen über Zufallsexperimente und Wahrscheinlichkeiten an und übertragen bisher Gelerntes auf die Wahrscheinlichkeiten der einzelnen Augensummen beim Würfelspiel mit zwei Würfeln.

Transformation	Reflexion/Präsentation
• systematisch alle Möglichkeiten für die Summe zweier Würfelzahlen herauszufinden und dabei verschiedene Lösungsstrategien zu entwickeln und zu nutzen.	• Zwischenreflexion: Sitzkreis Die SuS sollen erkennen, dass beim Würfeln mit zwei Würfeln die verschiedenen Augensummen unterschiedlich wahrscheinlich sind. • Schlussreflexion: Kinositz Die SuS sollen die verschiedenen Zerlegungsmöglichkeiten der Augensummen darstellen und dadurch argumentieren, welches Wurfereignis am wahrscheinlichten ist.

❖ Quellennachweis

Berlinger, N. (2011): Kann man Glück berechnen? Fördermöglichkeiten aus dem Bereich „Zufall und Wahrscheinlichkeit". In: Mathematik differenziert, 3/2011, S.32-35

Eichler, K. (2010): So ein Zufall!? Daten, Häufigkeiten und Wahrscheinlichkeiten. In: Praxis Grundschule, Heft 3/2010, S. 7-9

Kaufmann, Sabine (2010): Wichtige Begriffe: Wahrscheinlichkeit. In: Mathematik differenziert, Heft 3/2010, S.6-8

Kultusministerkonferenz (2004): Bildungsstandards im Fach Mathematik für den Primarbereich, S. 11

Ministerium für Schule und Weiterbildung Nordrhein-Westfalens (2008): Lehrplan Mathematik. In: *Richtlinien und Lehrpläne für die Grundschule in Nordrhein-Westfalen*, S 66. Online im Internet: http://www.standardsicherung.schulministerium.nrw.de/lehrplaene/upload/klp_gs/LP_GS_2008.pdf (Abruf am 15.11.2014).

Pik As - Unterrichtsmaterial zu Daten, Häufigkeiten und Wahrscheinlichkeiten: *Glücksspiele – Glücksräder und Würfel*. Online im Internet: http://pikas.dzlm.de/material-pik/herausfordernde-lernangebote/haus-7-unterrichts-material/glcksspiele-glcksraeder-wrfel/index.html (Abruf am 18.11.2014, 15:00 Uhr)

Walther, G.; van den Heuvel-Panhuizen, M.; Granzer, D. & Köller, O. (2008): Bildungsstandards für die Grundschule: Mathematik Konkret. Berlin. Cornelsen Verlag.

Aufgabenblatt 1   Name:_____

Würfeln mit zwei Würfeln

<u>Spielregeln</u>: Würfelt 30 mal mit zwei Würfeln und addiert die Augenzahlen.

Tragt eure Ergebnisse in die Tabelle ein:

Summe der Augen	Strichliste	Gesamtergebnis
1		
2		
3		
4		
5		
6		
7		
8		
9		
10		
11		
12		

Welche Augensumme wurde häufig gewürfelt?_____

Welche Augensumme wurde selten gewürfelt?_____

Kannst du das erklären?
_____
_____
_____

Aufgabenblatt 2   Name:_____

Summen aus Würfelzahlen finden

<u>Aufgabe:</u> Finde möglichst schlau alle Möglichkeiten für die Summe zweier Würfelzahlen!

➜ Wenn ihr noch etwas Hilfe braucht, könnt ihr euch auch eine Tippkarte holen.

Tipp 1: Beispiel für die Augensumme 4

Für die Augensumme 4 gibt es 3 Möglichkeiten:

Würfelbilder   Plusaufgaben

                                1 + 3

                                2 + 2

                                3 + 1

Tipp 2: Zeichne eine Tabelle !

Trage die Würfelbilder oder die Plusaufgabe ein.
Die Möglichkeiten für die Augensumme 4 sind schon eingetragen.

1	2	3	4	5	6	7	8	9	10	11	12
			1+3								
			2+2								
			3+1								

Zusatzaufgabe   Name:_____

Würfelwettrennen mit zwei Würfeln

<u>Aufgabe:</u> Gestaltet euer eigenes Würfelspiel mit den Augensummen 2, 3, 4, 5, 6, 7, 8, 9, 10, 11 oder 12.

Testet das Spiel aus. Welches Feld wird wohl am wahrscheinlichsten gewürfelt?

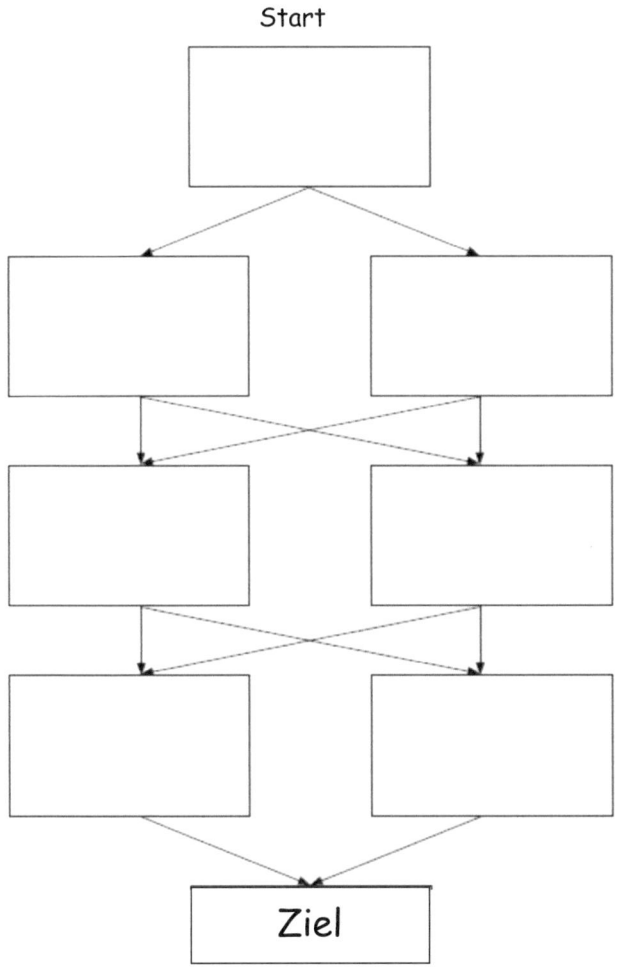

BEI GRIN MACHT SICH IHR WISSEN BEZAHLT

- Wir veröffentlichen Ihre Hausarbeit, Bachelor- und Masterarbeit

- Ihr eigenes eBook und Buch - weltweit in allen wichtigen Shops

- Verdienen Sie an jedem Verkauf

Jetzt bei www.GRIN.com hochladen und kostenlos publizieren